SOCIÉTÉ

DES

AGRICULTEURS DE FRANCE

(SECTION D'ÉCONOMIE ET LÉGISLATION RURALES)

RAPPORT

Sur les cours d'eau non navigables et non flottables ;
Irrigations

FAIT PAR M. DESSAIGNES

ANCIEN DÉPUTÉ

(Session de Février 1874)

NANCY

IMPRIMERIE BERGER-LEVRAULT & Cie

11, RUE JEAN-LAMOUR, 11

1874

SOCIÉTÉ

DES

AGRICULTEURS DE FRANCE

(SECTION D'ÉCONOMIE ET LÉGISLATION RURALES)

RAPPORT

Sur les cours d'eau non navigables et non flottables;
Irrigations

FAIT PAR M. DESSAIGNES

ANCIEN DÉPUTÉ

(Session de Février 1874)

NANCY
IMPRIMERIE BERGER-LEVRAULT & Cie
11, RUE JEAN-LAMOUR, 11

1874

SOCIÉTÉ DES AGRICULTEURS DE FRANCE.

SESSION DE FÉVRIER 1874.

RAPPORT

Sur les cours d'eau non navigables et non flottables; Irrigations

PAR M. DESSAIGNES, ANCIEN DÉPUTÉ.

Le droit à l'irrigation, l'usage légal de l'eau, dans le but d'accroître la fécondité du sol, telle est la formule d'une des questions qui intéressent le plus vivement l'agriculture.

Au même degré au moins que les chemins ruraux, sujet sur lequel des études semblables aux nôtres ont donné lieu aux vœux de la Société des agriculteurs de France, la question du régime des eaux a droit à toute sa sollicitude et réclame une solution légale.

Ce qui rend cette solution plus nécessaire encore peut-être, c'est que, sur le point spécial auquel se borne notre étude, celui des eaux non navigables et non flottables, législation, doctrine, jurisprudence, sont loin d'être d'accord.

Aussi, dès l'origine de ses travaux, l'assemblée générale a saisi ses commissions spéciales de l'étude de cette question. Dans sa session de janvier 1870, elle a entendu le rapport présenté par M. Raudot au nom d'une commission mixte formée dans le sein des 6e et 9e sections. Les conclusions du rapport et la discussion qui l'a suivi ont donné lieu à la rédaction de cinq principes fondamentaux qui, suivant les résolutions de l'assemblée générale, devaient être soumis à l'examen des sociétés d'agriculture et des comices.

A la reprise de ses travaux, en janvier 1872, l'assemblée a décidé qu'un nouvel appel serait adressé aux présidents de ces associations locales sous la forme d'un questionnaire qui résumerait les principes essentiels de la matière.

Cette communication a donné lieu à des réponses dont quelques-unes offrent un sérieux intérêt. Les travaux émanés du comice agricole de Neufchâteau et de la société d'agriculture de la Sarthe sont de ce nombre. La 9e section en a fait son profit. Ces réponses sont généralement peu favorables aux principes nouveaux sortis de la proposition de M. Raudot.

Elle nous a mis aussi en possession de documents émanés tant de la Société centrale d'agriculture que du Conseil supérieur d'agriculture de Belgique, et dus aux communications obligeantes des principaux membres de ces sociétés.

Chez nos voisins, régis, comme on le sait, par la loi française, la présentation à la Chambre des représentants de deux projets de loi, l'un sur la réglementation des cours d'eau, à la date de décembre 1869, l'autre sur l'ensemble des matières d'un code rural, à la date de janvier 1870, ont donné lieu à de nombreuses controverses.

Le projet de code rural notamment, qui embrasse la matière des irrigations, a été soumis officiellement à l'examen de toutes les commissions provinciales et aux diverses associations d'agriculture du royaume.

A l'heure actuelle, ni l'un ni l'autre de ces deux projets n'est venu en discussion publique.

Nous l'avons dit, dans cette question du régime des eaux, les interprétations doctrinales, les décisions juridiques, les solutions proposées abondent en sens inverse.

En une matière aussi complexe, pour l'exercice de droits d'une nature si spéciale, tout doit-il ou peut-il être exclusivement du domaine de la loi civile? Tout doit-il aboutir au contraire à la compétence administrative ? Quel partage serait-il sage de faire et de voir consacrer définitivement entre l'une et l'autre juridiction ?

Voilà les questions qui sont à résoudre et pour l'intelligence desquelles un résumé rapide de l'état de la législation et de la jurisprudence antérieures devient nécessaire.

Législation.

Il y a quatre-vingts ans que nous courons après un code rural ; le régime des eaux y a toujours eu sa place marquée.

La loi des 28 septembre-6 octobre 1791, qui reflétait l'ancienne législation rurale de la France, en forme le prémier noyau.

En 1808, un projet de code rural, transmis de Bayonne à des commissions consultatives formées dans le ressort de chacune des trente-deux cours d'appel, fut mis au jour. Il n'aboutit pas.

En 1810, un résumé fut fait de ce projet, modifié par les observations contradictoires auxquelles il avait donné lieu. Ce résumé, en 960 articles, connu sous le nom de son auteur, M. Deverneilh, que le ministre de l'intérieur en avait chargé, fut proposé plus tard aux pouvoirs législatifs de 1814. Il eut le même sort.

Malgré des vœux sans cesse formulés à toutes les époques par les organes légaux représentant plus particulièrement les intérêts agricoles, ce n'est qu'en 1868 qu'un projet de code rural est sorti des délibérations du Conseil d'État.

Le livre Ier, traitant du régime du sol, a seul été présenté au Corps législatif. Le livre IIe, comprenant le régime des eaux, était achevé. Malgré le sort commun à tous les documents qui composaient les archives du Conseil d'État, nous avons pu, non sans peine, nous procurer un exemplaire de ce travail.

Ainsi qu'il a été procédé pour les chemins ruraux, c'est le livre IIe du projet de code rural qui formera la base principale des vœux dont la formule définitive, adoptée par la 9e section, sera proposée à l'adoption de l'assemblée générale.

Il n'est point inutile de rappeler qu'en l'absence d'une codification complète sur la matière, en outre de la loi de 1791 déjà citée, la loi du 14 floréal an XI relative au curage des rivières non navigables, le Code civil dans les art. 641 et suivants, la loi du 16 septembre 1807 sur le dessèchement des marais, ont formé les éléments où les intéressés dans la revendication de leurs droits, où les tribunaux dans les causes de leur compétence, où l'administration et la juridiction administrative contentieuse sont venus puiser tour à tour, avec des solutions bien diverses, leurs raisons de décider.

Doctrine et jurisprudence.

Dans l'état actuel de la législation ci-dessus visée, les eaux non navigables et non flottables ne font point partie du domaine public; elles ne sont point domaniales, cela n'est pas contesté; mais comment leur caractère légal peut-il être défini?

Sont-ce des eaux privées, comme il convient de le dire pour les sources et pour les eaux pluviales?

Sont-ce des eaux publiques, des choses qui n'appartiennent à personne, *res nullius*, et dont l'usage est commun à tous?

Sur ce point, la doctrine et la jurisprudence sont partagées.

Outre l'argumentation qui consiste à dire que le Code civil n'ayant rangé dans le domaine public que les rivières navigables et flottables, il a voulu, par là même, laisser dans le domaine de la propriété privée tous les autres cours d'eau, cette interprétation est celle d'auteurs qui s'appuient sur les considérations suivantes :

La distinction des eaux publiques et privées, mal définie par le droit romain, méconnue sous la féodalité, se trouve rétablie dans notre temps, par ce fait surtout que les cours d'eau propres au transport sont consacrés à l'utilité générale et que, par conséquent, ils sont assimilés aux voies publiques de terre. Les ruisseaux n'ont qu'une utilité limitée aux seuls propriétaires sur les terrains desquels ils coulent. De cette distinction résulte la séparation de la propriété publique et de la propriété privée, en matière d'eaux courantes. La consécration à l'usage public est le caractère spécifique qui distingue légalement les choses publiques d'avec les choses privées. En ce qui concerne les eaux, le caractère définitif d'une masse ou d'un courant d'eau résulte de l'usage auquel il est destiné. Ainsi, on devra appeler eau publique celle qui par sa destination est consacrée à tous les membres de l'État, eaux privées, au contraire, toutes celles qui n'ont pas cette destination.

Dans la session de 1828, à la Chambre des pairs, M. de Montville avait été autorisé à développer la proposition suivante : « Le lit des « rivières non flottables appartient aux propriétaires non riverains. « Lorsque, pour cause d'utilité publique, le gouvernement disposera de « ces cours d'eau, il sera alloué aux propriétaires riverains une indem- « nité proportionnée au dommage éprouvé par la dépossession, compen- « sation faite des avantages que ceux-ci pourront retirer de la mise en « état de navigabilité. »

En 1834, une proposition de loi fut faite à la Chambre des députés pour déclarer formellement les droits de propriété des riverains sur tous les cours d'eau non navigables.

Ces deux propositions furent suivies de rapports favorables. La discussion dans la Chambre des pairs notamment, quoique suivie d'un ajournement, fut non moins favorable au même principe, puisque l'ajournement eut pour motif l'opinion presque unanimement admise que le droit des riverains était consacré par le Code civil.

Il est utile d'indiquer que le projet de code rural de 1808, précédemment cité, contenait les dispositions suivantes : « Art. 47. Le lit « des cours d'eau non navigables ni flottables fait partie de chaque « propriété riveraine. Art. 48. La ligne de démarcation de ce lit, pour « chaque propriété riveraine, sera tracée au milieu de ces cours d'eau « d'après les règles prescrites pour le bornage. »

La jurisprudence dans divers arrêts, l'administration supérieure par divers décrets et ordonnances, rendus les uns et les autres dans des espèces qui impliquaient la nécessité de se prononcer sur les principes de la matière, se montrèrent favorables aux droits privatifs des intéressés.

La doctrine contraire a eu des partisans non moins convaincus.

Elle a été résumée avec force dans un travail, fruit de la science d'un éminent magistrat, M. Rives, ancien conseiller d'État et décédé doyen des conseillers à la cour de cassation.

C'est à la faire prévaloir, et avec elle le système de la main-mise de l'État sur l'ensemble des eaux non navigables et non flottables et de leur concession purement facultative aux riverains, que n'ont pas cessé de tendre en France les efforts de l'administration.

La Cour de cassation, enfin, est venue apporter à cette doctrine la consécration judiciaire dans un arrêt, souvent cité, du 10 juin 1846, annulant un arrêt contraire rendu par la cour d'Amiens.

Il est bon d'indiquer brièvement aussi les raisons sur lesquelles s'appuie généralement cette opinion.

L'article 714, dit-on, doit régir les cours d'eau non navigables et non flottables, faisant évidemment partie des choses qui n'appartiennent à personne et dont l'usage est commun à tous. Des lois réglementaires de police doivent déterminer la manière d'en jouir.

Le Code civil a fait pour la propriété riveraine des cours d'eau pérennes tout ce qu'elle était raisonnablement en droit d'obtenir, puisqu'il lui assure leur jouissance et leur émolument utile. Ce droit d'usufruit légal, sauf la résolution par la mise en navigabilité de la rivière sur laquelle il s'exerce, est perpétuel dans sa durée et perpétuellement transmissible. Comment aller au delà et dépouiller le domaine public du très-fonds du cours d'eau et du lit, alors que les héritages adjacents des petites rivières les eurent toujours pour confins de leurs titres?

Le décret de 1852 sur la décentralisation (qui n'était, à vrai dire, que de la centralisation changée de place) fut le signal, de la part de beaucoup d'administrations préfectorales, de la mise en pratique de la doctrine que nous venons d'exposer.

Sous le prétexte de police et d'utilité générale et à la faveur du droit de statuer réglementairement, conféré aux préfets par ce décret, s'organisa une sorte de direction universelle des eaux non navigables et non flottables; d'une préfecture à l'autre, les règlements, calqués sur un seul et même formulaire dû aux ingénieurs chargés du service hydraulique, ne différèrent que par quelques prescriptions légales sans importance.

Disons en passant que, devant cette tendance et ces actes de l'administration départementale, fruits si inattendus de la pensée qui avait inspiré le décret de 1852, l'action contraire du Conseil d'État ne tarda pas à se faire sentir. Des arrêts nombreux, œuvre d'une juridiction contentieuse, qui s'est montrée souvent la fidèle dépositaire des vrais principes, vinrent annuler successivement des arrêtés préfectoraux empreints d'un usage excessif de l'intervention administrative.

Disons aussi que c'est à ces mêmes actes, où la centralisation, seulement déplacée à son origine, avait pu, en devenant moins lente, devenir sans doute plus arbitraire, qu'est due une sorte de réaction naturelle qui domine dans le projet un peu trop exclusif de M. Raudot.

Les premières études de la question des eaux, en assemblée générale du Conseil d'État, études qui datent de 1864, la loi de juin 1865 sur les associations syndicales portent l'empreinte d'un même courant d'impressions, d'un même but à atteindre : dégager les intéressés des langes de la tutelle administrative, les habituer à se mouvoir seuls, à se concerter, à s'unir, à constituer l'autonomie des intérêts collectifs. S'il est vrai qu'on peut gouverner de loin, mais qu'on n'administre bien que de près, c'est encore de plus près et par soi-même qu'on est bon juge de ce que le soin de son intérêt réclame.

Nous avons dit que le livre II du projet de code rural sur le régime des eaux avait fait la matière principale des travaux de la 9e section, en ce qui touche les eaux non navigables et non flottables et les irrigations. Les points qui s'en dégagent peuvent être formulés sous les résolutions ou principes suivants, que la section soumet à l'approbation de l'assemblée générale.

I.

Une loi spéciale sur le régime des eaux est nécessaire et urgente. La Société des agriculteurs de France émet le vœu que cette loi soit présentée et votée sans attendre la solution à donner à l'ensemble du projet de code rural.

II.

Le lit des cours d'eau qui ne sont ni navigables, ni flottables par train, appartient aux propriétaires riverains.

En ce qui concerne l'eau courante qui borde ou qui traverse leurs héritages, les droits d'usage que la loi leur confère sont exercés par eux en se conformant aux dispositions des règlements et autorisations émanés de l'administration.

Toutefois, celle-ci ne peut statuer qu'après avoir pris l'avis de l'association syndicale du cours d'eau, s'il en existe, ou de celle que l'administration sera tenue dans ce cas de faire constituer préalablement, s'il n'en existe pas.

Les mêmes règles seront suivies pour tout ce qui touche aux opérations du curage.

III.

Le régime général de ces cours d'eau doit être réglé de manière à concilier les intérêts de l'agriculture et de l'industrie avec le respect dû à la propriété et aux droits et usages antérieurement établis.

IV.

Pour l'irrigation des terres, l'administration peut autoriser un ou plusieurs propriétaires non riverains à prendre dans les cours d'eau non navigables et non flottables l'eau qui n'est point absorbée par l'usage des riverains.

Elle ne pourra statuer qu'après avoir pris l'avis de l'association syndicale du cours d'eau, de la manière indiquée au n° 2.

V.

Toutes les contestations auxquelles donneraient lieu l'application et l'exercice des droits et servitudes concernant l'irrigation sont portées en premier ressort devant le juge de paix du canton.

Les associations syndicales pourront avoir la faculté de compromettre sur ces contestations, en créant dans leur sein un tribunal arbitral.

VI.

La loi du 21 juin 1865 sur les associations syndicales doit subir les modifications nécessaires pour se concilier avec les dispositions qui précèdent et pour assurer le fonctionnement légal des intérêts collectifs représentés par le syndicat.

Premier vœu.

Aucun doute ne peut s'élever sur le besoin de voir cette question du régime des eaux sortir du dédale des interprétations et des conflits pour entrer enfin, d'une manière précise et complète, dans le domaine de la loi.

Ainsi que vous l'avez demandé pour les chemins ruraux, demandons aussi qu'elle soit détachée le plus tôt possible du projet de code rural; imitons l'exemple de nos voisins d'outre-Manche, en fait de réformes: que chaque jour suffise à celle qui est mûre et renonçons, au moins pour ces matières d'une utilité toute pratique, à ce qui semble être notre stérile devise: « Plutôt ne rien faire, que de ne pas tout faire. »

Deuxième vœu.

Nous allons plus loin que le Conseil d'État et moins loin que le projet de M. Raudot.

Ainsi que le proposait le code rural de 1808, ainsi que l'affirmaient les propositions faites aux Chambres sous la monarchie parlementaire, pourquoi ne pas reconnaître aux riverains le droit à la propriété du lit des cours d'eau. La reconnaissance de ce droit importe au respect dû à la propriété dans les questions de curage, de redressement et autres relatives aux cours d'eau; elle marque un temps d'arrêt à l'omnipotence administrative.

Le droit à la propriété de l'eau courante, c'est différent. On a peine à comprendre que la pente ou force hydraulique de cette eau puisse être l'objet d'une propriété privée. Outre que ce droit restera toujours soumis à des lois de police générale, en matière de pêche, de sûreté, de salubrité publiques notamment, il ne peut constituer qu'un droit de propriété incomplet, un droit de jouissance commune ou, si l'on veut, un droit de propriété *sui generis.*

C'est donc ce droit de *quasi-propriété* des riverains qu'il s'agit d'entourer désormais des garanties de la loi.

Nous avons pensé que ces garanties et leur sanction peuvent se trouver dans la constitution des associations syndicales autorisées.

Le droit des intéressés, nul s'il demeure isolé, s'exercera efficacement au moyen des syndicats dont la création sera rendue facile et les attributions complétées par les modifications à introduire dans la loi du 21 juin 1865.

D'une part, l'administration indispensable, il faut le reconnaître, pour concilier des intérêts variés et contradictoires et pour vaincre l'inertie privée; d'une autre part, l'intérêt collectif manifestant ses besoins, s'exerçant au contrôle et résistant à ce qu'il peut y avoir d'exclusif et de systématique dans les agissements de l'administration.

Là est le remède, selon nous, et non dans un système qui ferait table rase de tout ce qui existe, tendance trop commune chez nous, qui nous porte à détruire toute institution qu'il nous paraît difficile ou qu'il serait simplement utile d'améliorer.

Il est peu de questions sur lesquelles, plus que dans cette matière, chacun ait son opinion influencée par le fait dont il a souffert.

Il était impossible que l'administration, obéissant presque toujours à des instructions uniformes, parvînt à généraliser assez des dispositions réglementaires, pour qu'elles pussent s'appliquer à tous les cas possibles dans un sujet aux nuances si multiples. Dans beaucoup de règlements, il était tenu plus de compte du droit à l'usage de l'eau au profit de l'industrie qu'au profit de l'agriculture; dans quelques-uns, l'irrigation n'est pas même mentionnée.

La collectivité d'intérêts, représentée par l'association syndicale, fera connaître ses besoins; l'administration ne statuera point avant qu'elle les ait formulés.

Là se trouvent, à notre avis, les éléments d'une vraie décentralisation. C'est à ce fonctionnement, espérons-le, que se formeront des mœurs publiques plus propres à la connaissance et à la saine pratique des affaires. La loi seule y sera impuissante. Sans cette réforme de nos habitudes, selon l'expression du rapporteur d'un des comices consultés, « à l'inertie d'aujourd'hui, la meilleure loi du monde ne substituera encore que l'inertie de demain. »

Troisième vœu.

Il appartient à une Société comme la nôtre d'insister pour faire reconnaître les droits de l'agriculture à l'égal au moins des droits de l'industrie.

Dans beaucoup de petits cours d'eau surtout, l'usine « faisant de blé farine » prédominait sur le droit à l'irrigation inscrit pourtant dans les art. 644 à 645 du code civil.

Cela se conçoit, si l'on remonte aux temps, déjà loin de nous, Dieu merci! où l'état impraticable des chemins imposait à chaque groupe d'habitants, dans un rayon étroit, la nécessité de pourvoir d'abord à sa subsistance. Le pain passait avant la viande. Aujourd'hui l'amélioration progressive des chemins vicinaux permet d'aller trouver au loin l'usine expéditive, le moulin aux nombreuses paires de meules. Les moyens et petits cours d'eau, moins sujets à la concurrence de la grande industrie, peuvent donc se mieux prêter aux revendications de l'agriculture en matière d'irrigation.

Le projet de code rural, empreint d'un esprit libéral, en tient grand compte.

Quatrième vœu.

La question du droit à l'irrigation concédé aux non-riverains dans le bassin d'un cours d'eau est fort délicate; elle peut être fertile en difficultés, en procès. L'association syndicale bien comprise peut servir encore à la résoudre.

Le projet de code rural tient compte encore des intérêts agricoles engagés dans cette matière et des réclamations dont elle a été l'objet.

C'est un droit nouveau à introduire : le droit de participation des non-riverains, sans nuire pourtant aux droits antérieurs des riverains inscrits dans le code civil et que nous avons appelés droits de *quasi-propriété.* Si nous n'avons pu nous associer au premier principe du projet de M. Raudot, dans ce qu'il avait de trop absolu, c'est surtout par le point qui nous occupe que notre opinion peut trouver sa justification.

Il nous a semblé, en effet, qu'il y avait comme une sorte de contradiction à proclamer ainsi, dans son entier, le droit de propriété des riverains. On serait presque autorisé à dire que la propriété des premiers ne se trouve ainsi affirmée, que pour mieux la violer au profit des seconds. Nous rendons hommage à la pensée d'affranchissement qui a inspiré ce projet, sans avoir pu partager l'espoir que tout saurait se résoudre par la seule force de la loi, sans le secours d'une autorité modératrice, apte à se transporter sur les lieux et remplissant d'une façon permanente, sans frais, ce rôle d'expert par lequel, après tout, se termine toute contestation judiciaire en cette matière.

Laisser des intérêts rivaux s'exercer sans aucun frein, espérer que de l'usage ne naîtra point l'abus, et, si de l'abus naît la contestation, mettre entre les intérêts le juge civil, voire même en premier ressort le juge de paix, c'est peut-être d'abord ne point assez tenir compte des passions des hommes lorsque leurs intérêts sont en jeu; c'est ensuite, nous le craignons bien, introduire l'anarchie et la discorde dans le domaine paisible de l'agriculture.

Nous le répétons, l'intervention administrative est nécessaire, et nous l'admettons avec le contre-poids, nécessaire aussi, de l'action syndicale.

Cinquième vœu.

Le projet de code rural apporte une heureuse innovation aux lois de 1845 et de 1847 sur l'irrigation, généralement connues sous le nom de lois d'Angeville, la première relative au droit d'aqueduc, la seconde au droit d'appui.

La compétence du juge de paix est substituée sagement à la procédure instituée par ces lois et qui, quoique réduite aux formes de la matière sommaire, était encore longue et dispendieuse. C'est le principe de la loi de juin 1854 sur le drainage.

C'est faire un pas de plus, et dont nous ne nous dissimulons point l'importance, que de profiter du rôle nouveau et prépondérant des associations syndicales pour y introduire la juridiction arbitrale.

Mais, de l'initiation des intéressés au maniement de leurs intérêts collectifs, de l'appréciation chaque jour mieux sentie qu'en échappant aux procès, on se soustrait aux pertes d'argent et aux pertes de temps, cette autre monnaie au double étalon, il n'y a plus qu'un pas pour souhaiter la forme simple de la décision arbitrale. Ce tribunal pourrait être constitué dans le sein du syndicat.

Ce serait en quelque sorte le jugement des prud'hommes passant de l'industrie à l'agriculture.

Nous signalerons une exception nécessaire en développant les motifs du vœu suivant.

Sixième vœu.

La loi du 21 juin sur les associations syndicales, on l'a dit avant nous, demande à être modifiée. Ces modifications seraient impérieusement commandées par le rôle plus étendu que nous souhaitons voir donner à ce mode particulier d'association et de représentation d'intérêts collectifs.

Et d'abord, par cette loi, l'irrigation n'est rangée que dans les matières qui peuvent seulement former l'objet d'associations syndicales libres.

On remarquera que le curage des cours d'eau non navigables ni flottables, et tout ce qui s'y rattache, peut au contraire faire l'objet d'associations syndicales autorisées.

Pourquoi, si le syndicat est formé pour ce dernier objet, soit sur l'initiative des intéressés, soit sur celle des préfets, ne rangerait-on pas aussi l'irrigation au nombre de ses attributions ?

Cette distinction mise en avant que, pour le curage, il s'agit d'un intérêt public et, pour l'irrigation, d'un intérêt collectif, ne semble-t-elle pas un peu subtile ? Là encore, l'intérêt des usiniers ne paraît-il pas préféré à celui des propriétaires de terrains irrigables?

Aussi, dans le sein de la commission de 1865 se sont trouvés des partisans de l'opinion à laquelle nous nous rangeons.

Pour l'association libre, on le sait, l'adhésion des intéressés doit être unanime. Attendre cette unanimité de la seule clairvoyance de l'intérêt privé, c'est ne pas tenir assez de compte de la faiblesse humaine.

Il y aura toujours cet unique récalcitrant bien connu qui dira *non*, parce que tout le monde a dit *oui*; c'est le descendant de l'Athénien qui votait l'exil d'Aristide parce que cela l'ennuyait de l'entendre appeler le Juste.

Les conditions de l'autorisation sont connues. C'est la mise en pratique du principe de la représentation du nombre et des intérêts : une majorité possédant les deux tiers de la superficie des terrains, ou les deux tiers des intéressés possédant plus de la moitié de la superficie.

Si cette majorité n'est pas obtenue, nous demandons le rétablissement de l'ancien article 14 du projet de loi, article supprimé par la commission.

Dans ce cas, à défaut du préfet, qui ne peut plus autoriser, il est statué d'office par un décret délibéré en Conseil d'État. C'est le principe de l'association forcée; il est le fondement même du système adopté par la 9e section.

L'intervention de l'administration est indispensable, nous croyons l'avoir démontré ; il faut alors savoir choisir : ou laisser cette action s'exercer sans contrôle, ou organiser à tout prix ce contrôle. Si, pour l'organiser, quelques intérêts dissidents se trouvent froissés; si l'on objecte que d'ailleurs ce contrôle sera inefficace, qu'on se heurtera contre l'inertie privée, contre les habitudes du laissez-faire, il faudra bien alors ne plus se plaindre et renoncer à ces griefs si souvent articulés de main-mise, d'ingérence, de tutelle administrative.

Nous avons proposé la constitution d'un tribunal arbitral. Il sera loisible aux associations syndicales de l'introduire dans leurs statuts. Comme nul, sans son consentement, ne peut être distrait de ses juges naturels, il est bien entendu que, dans les associations qui l'auraient adoptée, cette juridiction ne régirait point les contestations dans lesquelles seraient engagés des non-adhérents, soit des associations à majorité légale, soit des associations forcées.

Le complément naturel de notre travail, comme annexe, sera la transcription du livre II du projet de code rural pour la partie qui s'y rattache. Nous mettons en regard les articles modifiés par la commission, en nous conformant à la méthode suivie dans le travail si remarquable de nos collègues, MM. Labiche et Bordat, sur les chemins ruraux.

Un dernier mot fera apprécier le bienfait de l'adoption d'une loi définitive sur le *Régime des eaux* : Outre l'interprétation qu'y reçoivent les articles du code civil qui s'y rattachent, cette loi remplacerait et abrogerait 29 lois, dont la plus ancienne est l'édit de Henri IV, en 1599, sur le desséchement des marais, 14 décrets ou ordonnances, et elle condenserait la jurisprudence de 18 arrêts de la Cour de cassation et 33 arrêts ou avis du Conseil d'État.

ANNEXE

Au rapport sur les eaux non navigables et non flottables.

PROJET DE CODE RURAL.

LIVRE DEUXIÈME — RÉGIME DES EAUX.

TITRE Ier. — EAUX PLUVIALES ET SOURCES.

Art. 1er. Tout propriétaire a droit d'user et de disposer des eaux pluviales qui tombent sur son fonds.

Il peut les retenir et les aménager pour assainir ou arroser le fonds ; il peut aussi les employer à un usage industriel, à la charge d'une indemnité au profit du propriétaire du fonds inférieur, si l'usage des eaux ou la direction qui leur est donnée aggrave la servitude naturelle d'écoulement établie par l'art 640 du Code civil.

Art. 2. Les dispositions de l'article précédent sont applicables aux eaux de sources nées spontanément sur un fonds.

Art. 3. Les maisons, cours, jardins, parcs et enclos attenant aux habitations, ne peuvent être assujettis à aucune aggravation de la servitude naturelle d'écoulement des eaux pluviales ou des eaux de source, dans les cas prévus par les deux articles précédents.

Art. 4. Lorsque, par des sondages ou par des travaux souterrains un propriétaire fait surgir une source nouvelle dans son fonds, les propriétaires des fonds inférieurs doivent recevoir les eaux de cette source, mais ils ont droit à une indemnité en cas de dommage résultant de l'écoulement des eaux.

Art. 5. Les maisons et cours sont exceptées de la servitude établie par l'article précédent.

Art. 6. Les contestations auxquelles peuvent donner lieu l'établissement et l'exercice des servitudes établies par les articles 1, 2 et 4, et le règlement, s'il y a lieu, des indemnités dues aux propriétaires des fonds inférieurs, sont portées en premier ressort devant le juge de paix du canton, qui, en prononçant, doit concilier les intérêts de l'agriculture et de l'industrie avec le respect dû à la propriété.

S'il y a lieu à expertise, il peut n'être nommé qu'un seul expert.

Art. 7. Le propriétaire d'une source ne peut en changer le cours à la sortie de son fonds, lorsque depuis plus de trente ans des usines ou des barrages ont été légalement établis sur le cours d'eau auquel la source donne naissance.

Art. 8. L'usage des eaux pluviales qui s'écoulent d'une voie publique sur les fonds riverains, se règle entre les propriétaires voisins par leurs conventions.

A défaut de convention, le proprietaire du fonds supérieur a le droit d'user et de disposer des eaux.

Le propriétaire du fonds inférieur ne peut conserver ce droit en se fondant sur une possession contraire, quelle que soit sa durée.

Articles modifiés par la commission.

Avec cette addition : *excepté s'il s'agit de droits acquis aux habitants d'une commune, conformément à l'art. 643 du Code civil.*

TITRE II. — COURS D'EAU NON NAVIGABLES ET NON FLOTTABLES.

Chapitre 1er. — Des droits des riverains.

Art. 9. Les riverains n'ont sur l'eau courante qui borde ou qui traverse leurs héritages, que les droits d'usage qui leur sont attribués par la loi. Ils sont tenus de se conformer, dans l'exercice de ces droits, aux dispositions des règlements et des autorisations émanés de l'administration.

Art. 9. *Le lit des cours d'eau qui ne sont ni navigables ni flottables par train, appartient aux propriétaires riverains.*

En ce qui concerne l'eau courante qui borde ou qui traverse leurs héritages, les droits d'usage que la loi leur confère sont exercés par eux, en se conformant aux dispositions des règlements et autorisations émanés de l'administration.

Toutefois, celle-ci ne peut statuer qu'après avoir pris l'avis de l'association syndicale du cours d'eau, s'il en existe, ou de celle que l'administration sera tenue, dans ce cas, de faire constituer préalablement, s'il n'en existe pas, conformément à la loi du 21 juin 1865, et à l'art. 31 ci-après.

Art. 10. L'administration peut dans un but d'utilité publique, spécialement pour l'irrigation des terres, l'établissement d'usines ou l'alimentation de fontaines publiques, autoriser un ou plusieurs propriétaires non riverains à prendre dans les cours d'eau non navigables et non flottables, l'eau qui n'est point absorbée par l'usage des riverains.

Art. 10. Ajouter le paragraphe suivant :

Cette autorisation ne sera donnée qu'après avoir pris l'avis de l'association syndicale, de la manière indiquée en l'article précédent.

Art. 11. Le propriétaire des deux rives d'un cours d'eau a le droit de prendre dans le lit tous les produits naturels et d'en extraire de la vase, du sable et des pierres, à la charge de ne point modifier le régime des eaux, et d'exécuter le curage conformément aux règles établies par le chapitre III du présent titre.

Il devient propriétaire du lit lorsqu'il est abandonné, soit naturellement, soit par l'effet de travaux légalement exécutés.

Art. 12. Lorsque les deux rives appartiennent à des propriétaires différents, chacun d'eux exerce les droits déterminés par l'article précédent, jusqu'à la ligne qu'on suppose tracée au milieu du cours d'eau.

Art. 13. L'alluvion et les relais formés dans les rivières non navigables et non flottables profitent aux propriétaires riverains conformément aux dispositions des articles 556 et 557 du Code civil.

Art. 14. Les îles, îlots et atterrissements qui se forment dans le lit des rivières, appartiennent également aux propriétaires riverains, d'après les règles établies par l'article 561 du même code.

Art. 15. Lorsqu'un cours d'eau abandonne naturellement son lit, les propriétaires des fonds sur lesquels le lit nouveau s'établit sont tenus de souffrir le passage des eaux sans indemnité.

Titre II.

Chapitre II. — Police et conservation des eaux.

Art. 16. L'autorité administrative est chargée de la conservation et de la police des cours d'eau non navigables et non flottables.

Art. 17. Des décrets, rendus dans la forme des règlements d'administration publique, fixent, s'il y a lieu, le régime général de ces cours d'eau, de manière à concilier les intérêts de l'agriculture et de l'industrie avec le respect dû à la propriété et aux droits et usages antérieurement établis.

Art. 18. Aucun barrage, aucun ouvrage destiné à l'établissement d'une prise d'eau, d'un moulin ou d'une usine, ne peut être entrepris sur une rivière non navigable et non flottable sans l'autorisation de l'administration, lorsque les ouvrages sont de nature à modifier le régime des eaux établi dans l'intérêt général de l'agriculture et de l'industrie.

Art. 18 *bis. Il ne pourra être statué soit par décret, soit par arrêté préfectoral, sur les objets énumérés aux art.* 17 *et* 18 *qui précèdent, qu'après avoir pris l'avis de l'association syndicale des cours d'eau, constituée de la manière indiquée aux articles* 9 *et* 31.

Art. 19. Les préfets statuent en conseil de préfecture et après enquête:

1° Sur l'établissement des ouvrages relatifs aux moulins et usines, patouillets, bocards et lavoirs à mines ;

2° Sur les prises d'eau pour irrigation au profit des riverains et non riverains, ou pour l'alimentation des fontaines publiques ;

3° Sur la régularisation de l'existence des usines et ouvrages non autorisés et n'ayant pas de titre légal ;

4° Sur les révocations et modifications d'autorisation données par eux.

Art. 20. La forme de l'instruction qui doit précéder les arrêtés des préfets est déterminée par un règlement d'administration publique.

Art. 21. La permission d'établir un nouvel ouvrage, de modifier un ouvrage existant, ou de fair: une prise d'eau, est toujours donnée sous la réserve des droits des tiers.

Art. 22. S'il y a réclamation des parties intéressées contre l'arrêté du préfet, il est statué par décret rendu sur l'avis de la section des travaux publics du Conseil d'État, sans préjudice du recours au contentieux en cas d'excès de pouvoir.

L'arrêté du préfet est exécutoire par provision.

Suppression du dernier paragraphe par les motifs suivants : en matière civile, le recours en cassation n'est pas suspensif, mais deux degrés de juridiction ont été épuisés, en accordant l'exécution alors que le second degré de juridiction, le recours au Conseil d'État, reste ouvert, des travaux pourraient être détruits dont le décret autoriserait le maintien, contrairement à l'arrêté du préfet.

Art. 23. Les permissions peuvent être révoquées ou modifiées sans indemnité dans l'intérêt de la salubrité publique, ou pour prévenir ou faire cesser les inondations; dans tous les autres cas, elles ne peuvent être révoquées ou modifiées que moyennant indemnité à la charge de ceux qui doivent profiter des révocations ou modifications.

Ajouter à l'art. 23 ce dernier paragraphe :

Il ne sera statué par les préfets dans aucun des cas qui précèdent, avant d'avoir pris l'avis de l'association syndicale.

Art. 24. — La permission ne fait aucun obstacle à ce que des dommages-intérêts soient accordés contre celui qui l'a obtenue, par les tribunaux civils, dans le cas où elle nuirait à des droits acquis.

Art. 25. — Les propriétaires ou fermiers des moulins et usines autorisés ou ayant une existence légale sont garants des dommages causés aux chemins et aux propriétés voisines.

Art. 26. Les maires peuvent, sous l'autorité des préfets, prescrire toutes les mesures nécessaires pour la conservation de la police des cours d'eau.

Ajouter à l'art. 26 ce paragraphe :

Avant d'autoriser l'arrêté du maire, le préfet devra en donner communication à l'association syndicale.

Chapitre III. — Curage.

Art. 27. Le curage comprend tous les travaux nécessaires pour rétablir un cours d'eau dans sa largeur et sa profondeur naturelles, sans préjudice de ce qui a été réglé à l'égard des alluvions.

Il appartient au préfet de procéder, s'il y a lieu, à la reconnaissance et à la constatation des limites naturelles des cours d'eau, sauf recours au conseil de préfecture en cas de contestation.

Art. 28. Le curage est à la charge de tous les propriétaires riverains ou non riverains intéressés au libre écoulement des eaux. Chacun des propriétaires est tenu dans la proportion de son intérêt.

Art. 29. Il est pourvu par les préfets au curage des cours d'eau non navigables et non flottables, et à l'entretien des ouvrages qui s'y rattachent, de la manière prescrite par les anciens règlements et les usages locaux.

Art. 30. Le préfet peut sur la demande de la majorité des intéressés, ou d'office, après avis du conseil général, réunir en association syndicale les propriétaires intéressés au curage.

Son arrêté règle l'organisation et détermine le mode d'administration de l'association.

Art. 31. Les syndics sont élus par les membres de l'association.

Le préfet, en conseil de préfecture, détermine le mode de représentation des divers intérêts dans l'assemblée générale.

Si l'association refuse ou néglige de procéder à l'élection, les syndics sont nommés par le préfet.

Lorsque les communes, le département ou l'État, concourent à la dépense, leurs représentants sont de droit membres du syndicat.

Les art. 30, 31 et 34, remplacés par les art. suivants :

Art. 30. *En conformité de la loi du 21 juin 1865, le préfet doit, à la demande d'un ou plusieurs intéressés ou d'office, réunir en association syndicale les propriétaires intéressés au curage.*

Art. 31. *Dans le cas où le procès-verbal de l'assemblée ne constate pas l'adhésion des intéressés dans les conditions spécifiées à l'art. 12, le préfet transmet avec son avis, au ministre, les plans, avant-projets et devis des travaux ainsi que les pièces de l'enquête.*

Un décret rendu en conseil d'État déclare, s'il y a lieu, l'utilité des travaux, et constitue l'association syndicale.

Le même décret règle l'organisation de l'association, détermine son mode d'administration, et arrête les bases générales de la répartition des dépenses.

(Ancien art. 14 du projet de loi sur les associations syndicales).

Lorsque les communes, les départements ou l'État, concourent à la dépense, leurs représentants sont de droit membres du syndicat.

La commission départementale désigne le représentant du département en conformité de l'art. 87 de la loi du 10 août 1871.

Art. 32. Le syndicat est chargé de l'exécution des travaux de curage et de la répartition de la dépense entre tous

Art. 32. *Le syndicat est chargé de l'exécution des travaux de curage et de la répartition de la dépense entre*

les intéressés ; il doit se conformer aux anciens règlements et aux usages locaux.	*tous les intéressés, et d'après le degré d'intérêt de chacun des membres de l'association ; il doit se conformer aux anciens règlements et aux usages locaux.*

Art. 33. Si l'application des règlements ou l'exécution du mode de curage consacré par l'usage présente des difficultés, ou si des changements survenus exigent des dispositions nouvelles, il y est pourvu par un décret délibéré dans la forme des règlements d'administration publique.

Art. 34. Le décret règle l'organisation de l'association, détermine son mode d'administration et arrête les bases générales de la répartition des dépenses.	Art. 34. Supprimé et remplacé par l'art. 31 ci-dessus.
Art. 35. Chaque décret est précédé d'une enquête et d'une instruction dont les formes sont déterminées par un règlement d'administration publique.	Art. 35. Comme au projet.
Art. 36. Le syndicat est élu ou nommé et est organisé conformément aux dispositions de l'art. 31. Il procède à l'exécution des travaux et à la répartition de la dépense entre tous les intéressés, sur les bases établies par le décret et d'après le degré d'intérêt de chacun des membres de l'association.	Art. 36. Supprimé et remplacé par l'art. 32 ci-dessus.

Art. 37. Dans tous les cas, les rôles ou les états de répartition des sommes nécessaires au paiement des travaux de curage ou d'entretien des ouvrages sont rendus exécutoires par le préfet.

Le recouvrement de ces sommes s'opère de la même manière que celui des contributions directes.

Art. 38. Toutes les contestations relatives au recouvrement des rôles, aux demandes en réduction ou décharge, formées par les imposés, et aux dommages causés par l'exécution des travaux, sont portées devant le conseil de préfecture, sauf recours au Conseil d'État.

Chapitre IV. — Des endiguements.

Nota. Les 26 articles du projet de Code rural sur les endiguements ne demandent aucune modification. C'est l'application de la loi du 21 juin 1865 sur les associations syndicales, avec faculté de la constituer d'office par décret, ainsi que la commission le demande également pour les chapitres I, II et III qui précèdent.

Chapitre V. — Élargissement et redressement.

Art. 63. Les dispositions du chapitre des endiguements sont applicables aux travaux d'élargissement ou de redressement du lit des cours d'eau non navigables et non flottables.

Nota. Même fonctionnement de l'association syndicale et même constitution d'office.

Art. 64. Lorsqu'il est nécessaire de recourir à l'expropriation pour cause d'utilité publique, les travaux sont autorisés par arrêté du préfet, rendu après avoir pris l'*avis du conseil général du département.*

Art. 64. *Lorsqu'il est nécessaire de recourir à l'expropriation pour cause d'utilité publique, les travaux sont autorisés par arrêté du préfet, après avoir pris l'avis de la commission départementale instituée par la loi du* 10 *août* 1871.

Art. 65. Si les travaux de curage, d'endiguement, d'élargissement ou de redressement des cours d'eau non navigables et non flottables, intéressent la salubrité publique, le décret ou l'arrêté qui les ordonne peut mettre une partie de la dépense à la charge des communes dont le territoire est assaini.

Dans ce cas, le décret ou l'arrêté détermine quelles sont les communes intéressées et fixe la part que chacune d'elles doit supporter dans la dépense.

Art. 65. Ajouter ce paragraphe :

Il ne sera statué qu'après avoir pris l'avis de la commission départementale.

Titre IV. — Irrigations.

Art. 154. Tout propriétaire qui veut se servir, pour l'irrigation de ses propriétés, des eaux naturelles ou artificielles dont il a le droit de disposer, soit comme riverain, soit en vertu de concessions régulières, peut obtenir la faculté d'appuyer, sur la rive opposée ou sur les deux rives, les ouvrages d'art nécessaires à sa prise d'eau, à la charge d'une juste et préalable indemnité.

Art. 155. Il peut aussi, sous la même condition, obtenir le passage de ces eaux sur les fonds intermédiaires.

Art. 156. Les bâtiments, cours et jardins attenant aux habitations, sont exempts des servitudes d'appui et d'aqueduc établies par les deux articles précédents.

Les parcs et enclos attenant aux habitations sont assujettis à la servitude d'appui ; ils sont exceptés de la servitude d'aqueduc.

Art. 157. Le riverain sur le fonds duquel l'appui est réclamé, peut toujours demander l'usage commun des ouvrages en contribuant dans la proportion de son intérêt aux frais d'établissement et d'entretien.

Art. 158. Lorsque cet usage commun n'est réclamé qu'après le commencement ou la confection des travaux, celui qui le demande doit supporter seul l'excédant de dépense auquel peuvent donner lieu les changements à faire au barrage pour le rendre propre à l'irrigation des deux rives.

Art. 159. Le propriétaire du fonds intermédiaire sur lequel le passage des eaux a été réclamé, peut aussi, sous les conditions exprimées dans les deux articles précédents, obtenir l'usage commun, soit du barrage, soit du canal de dérivation, s'il a d'ailleurs le droit de disposer des eaux.

Art. 160. Les propriétaires des fonds inférieurs doivent recevoir les eaux qui s'écoulent des terrains arrosés, sauf l'indemnité qui peut leur être due.

Art. 161. Sont exceptés de cette servitude les bâtiments, cours, jardins, parcs et enclos attenant aux habitations.

Art. 162. Les contestations auxquelles peut donner lieu l'application des articles concernant l'irrigation, sont portées en premier ressort devant le juge de paix du canton, qui, en prononçant, doit concilier les intérêts de l'opération avec le respect dû à la propriété.

S'il y a lieu à expertise, il peut n'être nommé qu'un seul expert.

www.ingramcontent.com/pod-product-compliance
Ingram Content Group UK Ltd.
Pitfield, Milton Keynes, MK11 3LW, UK
UKHW020456220726
13923UKWH00006B/2575